BEI GRIN MACHT SICH IHR WISSEN BEZAHLT

- Wir veröffentlichen Ihre Hausarbeit,
  Bachelor- und Masterarbeit

- Ihr eigenes eBook und Buch -
  weltweit in allen wichtigen Shops

- Verdienen Sie an jedem Verkauf

Jetzt bei www.GRIN.com hochladen
und kostenlos publizieren

Martin Payrhuber

M-Learning. Mobiles Lernen im Geographieunterricht

GRIN Verlag

Bibliografische Information der Deutschen Nationalbibliothek:

Die Deutsche Bibliothek verzeichnet diese Publikation in der Deutschen National-
bibliografie; detaillierte bibliografische Daten sind im Internet über http://dnb.d-
nb.de/ abrufbar.

Impressum:

Copyright © 2013 GRIN Verlag GmbH
Druck und Bindung: Books on Demand GmbH, Norderstedt Germany
ISBN: 978-3-656-63276-4

Dieses Buch bei GRIN:

http://www.grin.com/de/e-book/271189/m-learning-mobiles-lernen-im-geographie-
unterricht

M-Learning

SE: Kooperatives und Kollaboratives Lernen in Geographie- und Wirtschaftskunde

SoSe 2013

Martin Payrhuber

Inhalt

1 Theorieteil

1.1 Hinführung zum Thema

In unserer heutigen Wissens- und Informationsgesellschaft ist die Fortbildung und die weitere Qualifikation ein wichtiger Teil, um den beruflichen und alltäglichen Anforderungen gerecht zu werden. Das lebenslange Lernen stellt die Bildungsinstitutionen vor eine große Herausforderung.

Koper (2004) beschreibt drei Dimensionen, welche neue Reformen und Anpassungen des Bildungssystems notwendig machen. Die erste Dimension beschreibt den gesellschaftlichen Wandel zu einer Informationsgesellschaft und die Veränderung der Übergänge von den verschiedenen Bildungsinstitutionen. Die zweite Dimension beschäftigt sich mit der laufenden Veränderung der Lehr-Lernprozesse. Die Lernerorientierung, der nachhaltige Erwerb von Kompetenzen und die Nutzung von Bildungstechnologien spielen eine immer größere Rolle. In der dritten Dimension wird die institutionelle Ebene betrachtet. Eine stärkere Dezentralisierung und Kommerzialisierung von Bildung bringt weitere Probleme mit sich. Durch die stärkere Kommerzialisierung werden die Chancengleichheit und der Zugang zu einer guten Bildung für Personen mit einem eher niedrigen sozioökonomischen Status weiter erschwert. Dies bedeutet, dass die Lehrenden in den formalen Bildungsinstitutionen Kompetenzen des selbstgesteuerten Lernens aufbauen und fördern und die Chancengleichheit wahren müssen. Der Einsatz und die Entwicklung von flexiblen und innovativen Lernszenarien und der technologische Fortschritt können dabei die Voraussetzung für eine neue Wissensvermittlung schaffen (vgl. Moser & Zumbach 2012, S. 145).

Ein weiteres großes Problem in der Wissensvermittlung ist die Diskrepanz zwischen der Theorie und der Praxis. Speziell im Klassenzimmer steht sehr häufig der Erwerb von „trägem Wissen" im Mittelpunkt. Die SchülerInnen können das Wissen aus einer Unterrichtssituation zwar wiedergeben, aber die Anwendung oder der Transfer in anderen Problemstellungen außerhalb und innerhalb der Bildungsinstitution ist nicht möglich. Das Problem des Wissenstransfers entsteht aus verschiedenen Ursachen, welche in der pädagogischen Situation, in deren Interaktion und in der Lernumwelt ihren Ursprung finden. Das Modell von Weidenmann beschreibt den Einfluss dieser Faktoren auf die Lehr-Lernprozesse (vgl. Zumbach & Bachleitner 2007, S. 192).

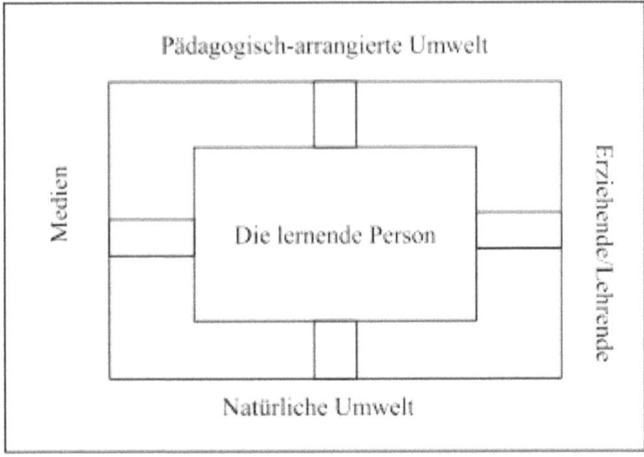

Abb.1: Komponenten der pädagogischen Situation nach Weidenmann (2010)

Das Modell enthält 5 Komponenten der pädagogischen Situation, welche selbst oder durch deren Interaktion einen Einfluss auf das Lehren und Lernen haben. Der Mittelpunkt und die zentrale Instanz ist die lernende Person mit ihren Eigenschaften. Zu den weiteren Komponenten zählen die Merkmale der Lehrenden und Erziehenden, die natürliche Umwelt, der Einfluss der Medien und die pädagogisch-arrangierte Umwelt. Die verschiedenen Komponenten sind in stetiger Interaktion und durch ihre unterschiedlichsten Konstellationen können sie sich günstig oder ungünstig auf den Lehr-Lernprozess auswirken.

Die große Anzahl an verschiedenen Konstellationen und die Interaktion der Komponenten erschwert die Ermittlung von Lösungsansätzen für den mangelnden Wissenstransfer (vgl. Weidenmann 2001, S. 23).

1.2 Problem „träges Wissen"

Als „träges Wissen" wird das Wissen bezeichnet, das theoretisch vorhanden ist, aber in der Praxis nicht angewendet werden kann (vgl. Wikipedia 2013, o.S.).

Die Lernenden können das Wissen wiedergeben, doch ihnen fehlt die Kompetenz, die Inhalte, die Prinzipien und die Zusammenhänge in anderen Bereichen anzuwenden. Die Ursachen für die fehlende Kompetenz sind bei den verschiedenen Komponenten der pädagogischen Situation zu finden. Ein Hauptfaktor in der pädagogisch-arrangierten Umwelt ist die frontale Wissensvermittlung, weil diese zu keiner problemlöseförderlichen Lernumgebung führt und die Entwicklung von Strategien zum Wissenstransfer nicht fördert. Die Lehrperson muss daher über ein Fachwissen, fachdidaktische Strategien und eine Methodenkompetenz verfügen, um einen problemlöse- und transferförderlichen Unterricht zu gestalten. Die Medien, welche im Unterricht eingesetzt werden, können durch verschiedene Visualisierungen und Darstellungen einen positiven Einfluss auf den Lernerfolg haben. Speziell in der Geographie spielen die neuen Medien und Visualisierungsmöglichkeiten eine sehr wichtige Rolle. Zusätzlich ist der Einbezug der natürlichen Umwelt in Form von Exkursionen im Geographie- und Wirtschaftskundeunterricht unabdingbar (vgl. Zumbach & Bachleitner 2007, S. 193-194).

1.3 M-Learning

Der Begriff Mobiles Lernen wird heute in verschiedenen Zusammenhängen verwendet, doch die Begriffsdefinition ist sehr vielfältig. Die wörtliche Übersetzung spricht von einem mobilen, beweglichen, transportablen Lernen. Quinn (2001) konkretisiert die Definition im Hinblick auf die eingesetzten Technologien und stellt die Mobilität des Lernortes und die technologische Unterstützung des Lernens in den Vordergrund:

Mobile learning devices are defined as handheld devices and can take the form of personal digital assistants, mobile phones, smartphones, audio players (such as the Apple iPod), video and multimedia players, handheld computers and even wearable devices. They should be connected through wireless connections that ensure mobility and flexibility. They can be standalone and possibly synchronized periodically, intermittently connected to a network, or always connected (Krauss-Hoffmann, Kuszpa & Sieland-Bortz 2007, S. 14).

Die nachfolgende Abbildung (Abb. 2) zeigt die technologische Vielfalt der mobilen Geräte. Die rasante technologische Entwicklung fördert die technologische Betrachtung des M-Learnings und stellt die technischen Möglichkeiten in den Mittelpunkt des Lernens. Die Art und Qualität der einzelnen Endgeräte ist sehr unterschiedlich und von den in der Abb. 2 beschriebenen Faktoren abhängig (vgl. Krauss-Hoffmann, Kuszpa & Sieland-Bortz 2007, S. 15-16).

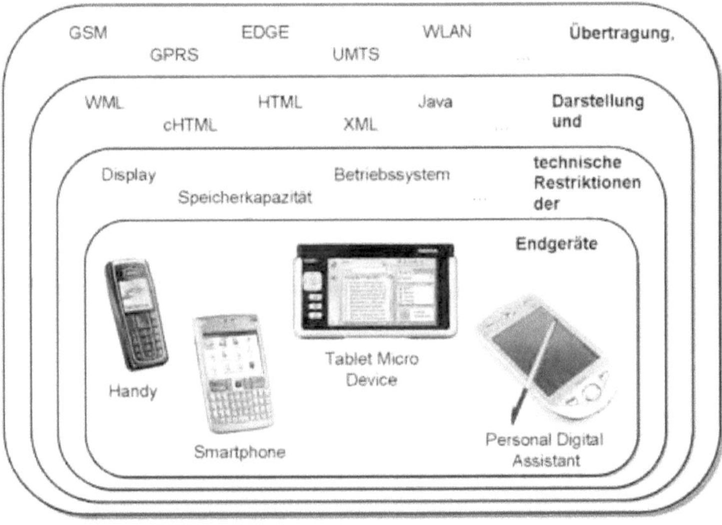

Abb. 2: Technologische Vielfalt von mobilen Geräten (Krauss-Hoffmann, Kuszpa & Sieland-Bortz 2007, S. 16)

Beim M-Learning, Mobiles Lernen, werden neue Medien, Laptops, Smartphones, Personal Digital Assistants (PDAs) und andere Navigationssysteme in den Unterricht mit einbezogen. Speziell in der Geoinformation werden diese Geräte zur Sammlung von geographischen Daten verwendet und integriert. Durch die steigende Technologisierung und die Einführung der Smartphones verliert der Kostenfaktor für die Verwendung von mobilen Geräten im Unterricht an Bedeutung. Durch die Verwendung von diesen mobilen Instrumenten im Unterricht wird die Entwicklung der explorativen und experimentellen Kompetenzen von Lernenden gefördert. Zusätzlich können die Lernenden die natürliche Umwelt mit der pädagogisch-arrangierten Umwelt und mit den geeigneten Medien kombinieren (vgl. Zumbach & Bachleitner 2007, S. 196-197).

Die Erweiterung der Computerklassen, dem E-Learning, in eine erweiterte Umwelt außerhalb der Klasse, dem M-Learning, führt dazu, dass die Lernenden verschiedene Geoinformationen in die natürliche Umwelt nehmen, vor Ort die Umgebung erkunden und selbst Daten erheben können. Das M-Learning soll in den Bildungsinstitutionen dazu führen, dass alle in Tabelle 1 angeführten Kompetenzebenen behandelt und gefördert werden. Das angeleitete Experimentieren (Stufe II) kann im Geographie- und Wirtschaftskundeunterricht durch das Vergleichen von vorhandenen Geoinformationen mit der realen Umgebung gefördert werden. Die mobilen Geräte, GPS-Geräte oder PDAs, können helfen verschiedene Orte zu lokalisieren und aufzuzeichnen. Stufe III kann durch eigene Experimente gefördert und erweitert werden, indem die Lernenden selbst Geoinformationen sammeln und kartographische Darstellungen ergänzen.

Tabelle 1: Kompetenzmodell zur Förderung wissenschaftlicher Fertigkeiten im naturwissenschaftlichen Unterricht (Zumbach & Bachleitner 2012, S. 196)

Ausmaß an Expertise	Didaktische Komponenten	Methode
Stufe I: Vorwissen aktivieren können Grundlegende Konzepte eines neuen Bereiches erfassen	Schemata und Konzepte einführen Lernende motivieren Bedarf generieren oder aktivieren	Analogien Authentische Szenarien Herausfordernde Missionen
Stufe II: Bereichsspezifisches deklaratives und prozedurales Wissen erwerben können	Statische Ressourcen Verarbeitungshilfen Konzeptuelle und prozedurale Unterstützung	Angeleitetes Experimentieren Tutorielle Unterstützung Informationssammlungen
Stufe III: Fähigkeit zum Explorieren und Experimentieren	Dynamische Ressourcen Sammlungs-/Organisationshilfen Metakognitive/Strategische Unterstützung	Eigene Experimente Hintergrundinformationen Planung und Reflexion
Stufe IV: Fähigkeit zum Austausch an Forschungsfragen und Ergebnisse	Design Tools Unterstützung von Austausch	Forschungsberichte Schaffen einer Lernergemeinschaft Kollaboratives Planen und Reflektieren

Die verschiedenen M-Learning Ansätze können als Schnittstelle für einen fächerübergreifenden Unterricht, welcher in den österreichischen Lehrplänen verpflichtend vorgeschrieben ist, dienen. Der projekthemmende und straffe 50-Minuten Unterricht muss durch ein anderes Lernarrangement ersetzt werden und somit kann ein aktives, exploratives und kollaboratives Lernen außerhalb oder innerhalb der Klasse ermöglicht werden.

In weiterer Folge könnten sich Lernende oder Experten untereinander austauschen und somit Stufe IV des Kompetenzmodells fördern. Gerade der Austausch mit anderen forschenden Lernenden führt zu der Kompetenz, wissenschaftlich zu forschen und das eigene Wissen zu transferieren (vgl. Zumbach & Bachleitner 2007, S. 197-199).

1.4 Prinzipien

1.4.1 Selbstgesteuertes und exploratives Lernen

Wie bereits erwähnt, ist das selbstgesteuerte Lernen eine neue Schlüsselkompetenz in unserer Wissens- und Informationsgesellschaft. Die verschiedenen Methoden und Fertigkeiten fördern neben der kognitiven auch die motivationalen Prozesse. Beim selbstgesteuerten Lernen werden die Lehr-Lernprozesse von einer gegenstandszentrierten Lernumgebung in ein lernerzentriertes Handeln umstrukturiert. Leutner (2002) beschreibt drei Modelle des selbstgesteuertem Lernens. Das Fördermodell wird eingesetzt um ein höheres Maß an Kompetenzen zu erreichen. Wenn bei einem Lerner Defizite aufgearbeitet werden, kann man von einem Kompensationsmodell sprechen. Das dritte Modell wird als Präferenzmodell bezeichnet und wird verwendet, wenn individuelle Interessen und die intrinsische Motivation gefördert werden. Das Ziel dieser Modelle ist die Ausbildung und Förderung der Kompetenzen durch das Schaffen von Prozessen und der Gestaltung übergreifender Lernumgebungen (vgl. Moser & Zumbach 2012, S. 146).

Der Einsatz von Medien muss mit einer mediendidaktischen Anpassung erfolgen. Ein mangelndes Vorwissen bei den Lernenden führt zu Schwierigkeiten bei der Übersetzung und Verwendung der unterschiedlichen Repräsentationsformen. Vor allem beim explorativen Lernen müssen diese Kompentenzen entwickelt beziehungsweise vorhanden sein, um ein selbstgesteuertes Lernen überhaupt zu ermöglichen. Das Modell der Komponenten der pädagogischen Situation von Weidenmann (2001), welches bereits beschrieben wurde, fördert die Gestaltung von selbstgesteuerten und explorativen Lernumgebungen.

Für ein selbstgesteuertes Lernen in formalisierten Bildungskontexten ist eine professionelle Planung der verschiedensten Parameter erforderlich, um die Lernenden motivational und kognitiv bestmöglich fördern zu können (vgl. Moser & Zumbach 2012, S. 146-147).

1.4.2 Lernen durch Experimentieren

Das Lernen durch Experimentieren ist eine Variante zur Förderung des aktiven und selbstgesteuerten Wissenserwerbs. Ziel dieser Form ist der Aufbau eines problemlöse- und transferförderlichen Wissens. Die Vorgehensweise beim Lernen durch Experimentieren ist mit der Arbeit eines Wissenschaftlers zu vergleichen, Hypothesen aufstellen, Variablen operationalisieren, Experimente durchführen und die Ergebnisse interpretieren. Im Schulalltag findet dieses selbstständige Experimentieren der SchülerInnen kaum statt, da die notwendige Laborausrüstung nicht vorhanden und die Unterrichtszeit beschränkt ist. Die Lernenden sind meist nur in der Zuschauerrolle und bekommen nur das „träge Wissen" vermittelt. Die Lernenden müssen selbst wissenschaftliches Handeln, Denken und Kommunizieren praktizieren, um die wissenschaftlichen Konzepte zu erwerben. Die grundlegenden Konzepte müssen mit wissenschaftlich-investigativen Methoden kombiniert werden, um einen wissenschaftlich praktizierten Unterricht zu ermöglichen. Dazu wird ein kausales Wissen benötigt, anhand welches die Lernenden die zeitlichen Zusammenhänge erkennen und sie für Inferenzprozesse nutzen können. Zusätzlich benötigen die Lernenden ein methodisches Wissen. Es handelt sich dabei um Wissen über die Ableitung von Fragestellungen, Aufteilung von Unterzielen, die Messinstrumente und die Verwendung der zur Verfügung stehenden Methoden (vgl. Zumbach & Bachleitner 2007, S. 195).

Die Vermittlung von kausalem Wissen steht im traditionellen Unterrichtsalltag an der Tagesordnung. Und obwohl es sich beim kausalen und methodischen Wissen um zwei untrennbare Einheiten handelt, werden das methodische Wissen und der Bezug zu den kausalen Strukturen kaum in den Unterricht miteinbezogen.

Zur Erreichung der Ziele ist es notwendig, dass die SchülerInnen zu Beginn ein Grundwissen über die Kompetenzen verfügen, damit sie die Zusammenhänge zwischen Faktenwissen, kausalem Wissen und methodischen Kompetenzen verstehen und herstellen können. In der Tabelle 1 wird das Kompetenzmodell zur Förderung wissenschaftlicher Fertigkeiten im naturwissenschaftlichen Unterricht von Zumbach 2006 dargestellt. Das Modell beschreibt die verschiedenen Kompetenzniveaus beziehungsweise das Ausmaß an Expertise, die didaktischen Komponenten zur Erreichung der Stufen und mögliche Methoden (vgl. Zumbach & Bachleitner 2007, S. 195-196).

Tabelle 1: Kompetenzmodell zur Förderung wissenschaftlicher Fertigkeiten im naturwissenschaftlichen Unterricht (Zumbach & Bachleitner 2007, S. 196)

Ausmaß an Expertise	Didaktische Komponenten	Methode
Stufe I: Vorwissen aktivieren können Grundlegende Konzepte eines neuen Bereiches erfassen	Schemata und Konzepte einführen Lernende motivieren Bedarf generieren oder aktivieren	Analogien Authentische Szenarien Herausfordernde Missionen
Stufe II: Bereichsspezifisches deklaratives und prozedurales Wissen erwerben können	Statische Ressourcen Verarbeitungshilfen Konzeptuelle und prozedurale Unterstützung	Angeleitetes Experimentieren Tutorielle Unterstützung Informationssammlungen
Stufe III: Fähigkeit zum Explorieren und Experimentieren	Dynamische Ressourcen Sammlungs-/Organisationshilfen Metakognitive/Strategische Unterstützung	Eigene Experimente Hintergrundinformationen Planung und Reflexion
Stufe IV: Fähigkeit zum Austausch an Forschungsfragen und Ergebnisse	Design Tools Unterstützung von Austausch	Forschungsberichte Schaffen einer Lernergemeinschaft Kollaboratives Planen und Reflektieren

In der Schule werden beziehungsweise können meist nur die ersten zwei Stufen durchgeführt werden. Doch im Geographie- und Wirtschaftskundeunterricht im Bereich der Geoinformation ist eine Kombination mit einer höheren Förderung der naturwissenschaftlichen Kompetenz unabdingbar. Das Ziel wäre, die Komponenten der pädagogischen Situation (vgl. Weidenmann 2001) mit den didaktischen Komponenten und Methoden (vgl. Zumbach & Bachleitner 2007) optimal zu kombinieren. Das M-Learning sollte als möglicher Ansatz zur Umsetzung in der Schule dienen.

1.5 Vor- und Nachteile des M-Learning

Mit modernen Methoden wie dem M-Learning bieten sich vielerlei Möglichkeiten, den Unterricht abwechslungsreich zu gestalten. Besonders zu beachten sind die Möglichkeiten zum fächerübergreifenden Unterricht und Querverbindungen zu anderen Fachbereichen. Einfache Themen können in kurzer Zeit zu anderen Bereichen hingeführt werden. Gerade im Unterricht bietet sich hier eine systematische Vernetzung an. Ob Mathematik, Physik, Geographie, Geschichte, fast alle Fächer können durch verlinktes Recherchieren einfacher verbunden werden.

Ein weiterer Grund für die Anwendung in der Schule ist die Zeit- und Ortsunabhängigkeit. Somit ist das Lernen nicht mehr schulzentriert. Man muss, um spezielle Informationen zu gewinnen, nicht mehr in das Gebäude „Schule" gehen. Weiters hat ein Unterrichtsfach in der Regel 50 – 100 min pro Woche, um bearbeitet zu werden. Mit diesen neuen Funktionen ist der Lernende nicht mehr an eine zeitliche Beschränkung gebunden.

Wo liegen nun die Barrikaden zu modernen Technologien in der Schule? Ein wesentlicher Grund, um diese anwenden zu können, ist der Kostenaufwand und die damit verbundene Relevanz. Sind die Schulleitung und die Eltern damit einverstanden? Ist das nicht Luxus? Bisher sind wir auch ohne diese Technologien ausgekommen! Mittlerweile besitzen fast alle Jugendlichen ein Smartphone und mit guter Planung ist das Einsetzen im Unterricht möglich. Die Situation mit Tablets im Unterricht zeigt jedoch mehr Schwierigkeiten auf. Die Attraktivität und Möglichkeiten eines Tablets sind nicht anzuzweifeln. Wer kommt nun für die Finanzierung auf? Warum für so einen Luxus eine Menge Geld ausgeben? Wenn die Schulbücher digitalisiert, Hefte und Mappen immer überflüssiger werden, ist in Relation gesehen der Kostenaufwand über mehrere Jahre hinweg nicht mehr der Rede wert.

Die Lehramtsausbildung sollte den ersten Schritt tun. Einige Methoden und Möglichkeiten werden in der Ausbildung nicht behandelt. Um effektiv arbeiten zu können, muss der Umgang neuer Medien intensiver in der Ausbildung und Fortbildungen verankert werden. Nur so lassen sich Nutzungsängste und Barrikaden abbauen. Das Ziel sollte ein gleichberechtigter Zugang für alle SchülerInnen aus allen verschiedenen Bildungsschichten, mit unterschiedlichem familiärem sozioökonomischem Status sein.

Abschließend ist zu erwähnen, dass der Einsatz von M-Learning Technologien immer weitere Kreise zieht. Der Aufbau eines problemlöse- und transferförderlichen Wissens ist gegeben, und somit lässt sich dem Erwerb von Trägem Wissen entgegenwirken. Das handlungsorientierte Lernen wird immer besser ermöglicht und die Motivation und Freude zum selbstständigen Lernen und Experimentieren wird sichtlich gesteigert. Learning by doing ist wesentlicher Bestandteil eines attraktiven Unterrichts (vgl. Moser & Zumbach 2012, S. 154-155).

1.6 Anwendungsbeispiele/Umsetzung

1.6.1 Allgemein: Medien im Geographieunterricht

Vor knapp hundert Jahren revolutionierte der geographische Atlas den Unterricht. Im modernen Unterricht, bei dem das Experimentieren immer wichtiger wird, sind zeitgerechte Medien gefragt. Diese sollten handlicher und multifunktionaler sein. So hat der Weltatlas den interaktiven und editierbaren Anwendungen Platz gemacht. Welche Eigenschaften sollte nun ein neues Medium haben? Notebooks sind sehr kostspielig und aufgrund ihrer Größe unpraktisch. So werden andere Alternativen in den Unterricht miteinbezogen.

Mit den e-learning Programmen können sich SchülerInnen, Lehrpersonen, Eltern, u.a. jederzeit austauschen. Dieses Vorgehen vereinfacht den Unterricht um ein Vielfaches. Wie aber kann nun das Lernen multifunktionaler sowie Zeit und Raum unabhängiger gestaltet werden?

1.6.2 Geocaching

Dies ist eine GPS – Schnitzeljagd oder elektronische Schatzsuche. Mittels genauer Landkarten oder einem GPS – Empfänger werden die versteckten Schätze gesucht. Jede Person kann sogenannte Geocaches entwerfen bzw. verstecken. Diese werden anhand geographischer Koordinaten im Internet veröffentlicht. Was sind Geocaches? Diese gibt es in verschiedenste Varianten. Sie bestehen meist aus einem Behälter, in dem sich ein Logbuch (Zettel) befindet. Hier werden, wenn man einen Cache gefunden hat, sein „nickname" (Spitzname), sowie das Datum eingetragen. Im Internet kann man sich auf der Website geocaching.com registrieren und mit vielen anderen Usern austauschen und seine Errungenschaften dokumentieren.

Diese moderne Schnitzeljagd eignet sich sehr gut für den Geographieunterricht. Die Mittel, die dafür nötig sind, wurden in den letzten Jahren verbessert und vereinfacht. So lässt sich Geocaching mit einer kostenlosen App für Smartphones ausüben. Der Kostenaufwand für diesen neuen Trend ist gleich Null und daher ideal für die Schule. Auch ein fächerübergreifender Unterricht mit Bewegung und Sport lässt sich gut vereinbaren.

Die weltweite Verbreitung macht diesen Trend immer interessanter. So sind aktuell über 2 000 000 Caches auf der Erde verteilt. Daher ist Geocaching keineswegs mehr eine lokale Angelegenheit. Zeigt man den SchülerInnen, wie dies funktioniert, können sie ohne großen Aufwand selbst aktiv werden. Das Bewegen in der Natur, sich im Freien Orientieren und das Kartenlesen sind drei wesentliche Merkmale. Mit dem Kreieren eines eigenen Caches und dem Hintergrundwissen zu anderen Caches wird unter anderem das entdeckende Lernen gefördert (vgl. Groundspeak 2013).

1.6.3 Augmented Reality

Im Laufe eines Lebens bildet sich der Mensch immer weiter. Passend hierzu ist das Sprichwort „Der Mensch lernt niemals aus" erwähnenswert. Nach den Schuljahren bildet man sich dennoch stetig weiter. Sei es im Berufsalltag oder aus persönlichem Interesse. Nur so kann man in der Berufswelt oder der Gesellschaft bestehen. Nachrichten, Fernsehen, Radio, Zeitungen bieten eine ideale Grundlage, um dazu zu lernen und SchülerInnen in Bildungsinstitutionen Anreize zu geben. Eine neue Methode bietet nun die Augmented Reality. Im Gegensatz zur Schule bietet diese Lernform eine zeit- und ortsunabhängige Möglichkeit. Der Sinn dieses Mediums ist es, schnell über relevante Informationen verfügen zu können. Das Lernen kann somit selbst bestimmt werden, um Selbstständigkeit, Eigenverantwortung und unmittelbares Lernen zu fördern. Kurzfristige Probleme oder Wissensbarrikaden können an Ort und Stelle gelöst werden. Man muss nicht mehr warten, bis sich die Möglichkeit ergibt, in Lexika oder am Computer nachzuschlagen. Die Schwierigkeit dieses Mediums liegt nun darin, die Technologie in gezielter Art und Weise anzuwenden, um erfolgreiches Lernen zu erlangen, das auch motivierend ist. Diese Realität wird mittels Internet, PDA's, Smartphones oder Tablets möglich gemacht. So erhält man, wenn man sich im Freien bewegt, zu jeder Blume, Umgebung, Ortschaften, Städte, Gebäude oder Personen nützliche Zusatzinformationen. Diese Funktionen können mittlerweile von fast jeder Person bzw. allen SchülerInnen angewandt werden.

Zu erwähnen ist, dass diese Informationsbeschaffung nicht nur via visuelle Darstellung, sondern mit allen Sinnen arbeiten kann. Videos, Fotos, Texte, digitale Zeichnungen, Analysen, Hörbücher können überlagert und in TV, Tablets oder Smartphones eingesetzt werden. Weitere Beispiele für AR sind:

- Fußballübertragungen im TV (z.B. das Einblenden von Entfernungen beim Freistoß, Linien bei Abseits sowie Geschwindigkeitsanzeigen bei Schüssen)
- In der Armee können Soldaten Informationen über Gelände und Wege bekommen

Wichtig ist hier noch das Google Produkt „Google – Glass". Dies ist eine Brille mit einem Mikrodisplay und Kamera, sowie einer Spracheingabe. Eine Internetverbindung mit Telefonfunktion und Standortfunktionen macht dieses Produkt multifunktional. Jedoch birgt dieses noch einige Probleme. Hier kommen noch rechtliche und gesundheitliche Fragen zum Vorschein.

Weitere Anwendungsgebiete, wo AR immer mehr zum Tragen kommt, sind in Bereichen wie Navigation von Flugzeugen, Gerichtsmedizin, TV und Unterhaltung, Geologie, Architektur, Industrien, Militär, u.v.m.

Im privaten Bereich sind diese Funktionen fast täglich im Einsatz. Warum also im Schulbereich dagegen arbeiten, wenn der alltägliche Lernprozess damit gefördert werden kann (vgl. Moser & Zumbach 2012, S. 147-149)?

1.6.4 Handy & Tablets

„Gib dein Handy bitte weg" – wie oft wurden diese Worte von Lehrpersonen ausgesprochen? Mit gezielten Regeln und Aufgabenstellungen kann dieses einst störende Element einen großen Nutzen im Unterricht haben. Wir befinden uns hier in einem frühen Stadium dieses Mediums in der Schule. Da von den SchülerInnen die Smartphones unter den Tischen zum Surfen im Internet oder anderen Aktivitäten verwendet werden, ist das nützliche Verwenden der Handys nicht so einfach.

In Österreich gibt es mittlerweile Probeschulen, die versuchen, mit Tablets zu arbeiten. Jede(r) SchülerIn einer Klasse ist im Besitz eines eigenen Tablets. Schulbücher werden nur mehr als Online-Pdf verwendet, Internetrecherchen sind an der Tagesordnung und das Texteschreiben und -abgeben ist digital.
Der vorgestellte Effekt klingt gut. Welche Probleme entstehen können, wird sich zeigen. Lobenswert ist jedoch, dass Schulen mit diesen Projekten beginnen und einen Schritt in die Moderne versuchen.

1.6.5 Fächerübergreifender Unterricht

Im Bereich der Naturwissenschaften lassen sich verschiedenste Projekt und Themen verknüpfen. So werden auch in der Biologie Schwerpunktthemen gesetzt. Der städtische Raum erweist sich bei Naturpädagogik häufig als nicht geeignet, effektiver wären, im Gegensatz zu theoretischem Lernen in der Schule, Exkursionen und Forschungsreisen. Neue Lernumgebungen sind grundsätzlich als motivierend einzustufen. Weiters lassen sich das naturpädagogische Erleben und das theoretische Wissen in eine spezielle Lernumgebung integrieren. Dies könnte auch ein guter Ansatz für M-Learning sein. In der Biologie existiert ein Projekt „Gartenrallye mit allen Sinnen". Dieses wird mit mobilen Lernmaterialien unterstützt. Kleine Lerncomputer, PDA's, haben unter anderem eine Audio- und Textfunktion, die fördernd und fordernd auf die SchülerInnen wirkt. Diese Rallye kann zum Beispiel durch einen botanischen Garten abgehalten werden. Themenbereiche können das

Hochbeet, Kräuterspirale, Salbeibeet, uvm. sein. Der Lehrperson sind hier keine Grenzen gesetzt. Welche Sozial- bzw. Organisationsform sie wählt, welche Themenbereiche sie anschneidet oder nur ergänzend zum Unterrichtsalltag einsetzt, ist jederzeit und überall abwandelbar.

Gerade hier entsteht eine gute Basis für einen fächerübergreifenden Unterricht. Zum Beispiel mit dem Unterrichtsfach Geographie und Wirtschaftskunde lassen sich hervorragende Projekte planen. Eine Gartenrallye in Verbindung mit Geocaching wäre eine mögliche Alternative (vgl. Haider, Reisendorfer & Zumbach 2010, S. 5-7).

2 Praxisteil: m-Learning mit Geocaching

2.1 Didaktische Überlegungen

Zahlreiche pädagogische Autoren haben sich hinlänglich mit der Bedeutung der Motivation für den Lernerfolg von SchülerInnen auseinandergesetzt und so gut wie alle kommen zu einem einheitlichen (logischen) Schluss: Je höher die intrinsische Motivation der SchülerInnen, umso höher ihr Lernerfolg. Intrinsisch bedeutet, dass die SchülerInnen eine Aufgabe machen, weil sie es selbst wollen bzw. an der Bewältigung der Aufgabe von sich aus interessiert sind, und nicht deshalb, weil sie bei Nicht-Erledigung oder schlechter Lösung negative Konsequenzen fürchten müssen.

Wie aber motiviert man SchülerInnen intrinsisch? Vor allem, indem man ihre Neugier weckt. Dafür ist M-Learning im Allgemeinen und Geocaching[1] im Besonderen geradezu prädestiniert – ein im Wald versteckter Schatz, zu dessen Auffindung man Aufgaben lösen muss, ähnlich einer Schatzkarte, bietet einen hohen Anreiz – noch dazu, wenn sich im Schatz von der Lehrperson geheimnisvoll umschriebene Belohnungen befinden. Natürlich ist es etwas schwierig, Aufgaben zu konzipieren, die für sich allein schon die Erfüllung der Lernziele garantieren. Darum ist es notwendig, Zusatzaufgaben zu stellen, um das Erreichen der Lernziele zu gewährleisten. Geocaching bietet sozusagen den „Köder" für den Angelhaken bzw. das Stückchen Zucker für die bittere Medizin.

Dazu kommt noch, dass die SchülerInnen zum Geocaching ein aufregendes, modernes GPS-Navigationsgerät selbstständig bedienen dürfen. Auch hier wird wieder ihre Neugier geweckt.

2.2 Lehrziele laut Lehrplan und daraus folgende operationalisierte Lernziele

Im Rahmen der Methodenkompetenz ist im Lehrplan für die Oberstufe an österreichischen AHS-Gymnasien die Nutzung topographischer Karten vorgesehen (vgl. BMUKK 2004: 1). Als operationalisiertes Lernziel für den Unterricht mit

---

[1] für eine genauere Beschreibung von Geocaching siehe Kap. 1.6.2

Geocaching dient hier: „Die SchülerInnen können im Gelände mit Hilfe eines GPS-Empfängers, auf dem eine topographische Karte geladen ist, zu einem in Koordinaten angegebenen geographischen Punkt navigieren." Die Überprüfung erfolgt dadurch, dass der Geocache von den SchülerInnen gefunden wird und als Beweis ein „Souvenir" bei der Lehrperson abgegeben werden muss.

Im Lehrplan heißt es weiter: „[es sind] Möglichkeiten der IKT zur Gewinnung [...] geographischer [...] Informationen zu nutzen." (BMUKK 2004: 2) Das Lernziel wäre also: „Die SchülerInnen können unter Zuhilfenahme des Internets selbstständig Informationen zu geographisch relevanten Themen erschließen und geeignete Websites finden." Ausdrucke zu den recherchierten Themen sind der Lehrperson als Überprüfung abzugeben.

Laut Lehrplan sollen die SchülerInnen in der Oberstufe „geoökologische Faktoren und Prozesse am Beispiel eines [...] außeralpinen österreichischen Landschaftsraumes aufzeigen und in ihrem Zusammenwirken erklären" (BMUKK 2004: 3) sowie die „Wechselwirkung von Relief, Klima, Boden, Wasser und Vegetation verstehen" (BMUKK 2004: 2) können. Dies sollen sie (auch) „durch die unmittelbare Auseinandersetzung mit der Realität lernen." (ebd.) Operationalisiert für den Projekttag wäre dies so zu formulieren: „Die SchülerInnen können anhand von Informationen auf Schautafeln auf einem geologischen Lehrpfad geo(öko)logische Zusammenhänge erklären und begründen." Die Überprüfung erfolgt mittels Antwortblatt, das der Lehrperson am Ende des Projekttages abzugeben ist.

2.3 Zeitrahmen

Die hier präsentierte Lerneinheit erfordert – wie bei m-Learning üblich – ein Verlassen des Schulgebäudes mit Exkursion ins Gelände (zum geologischen Lehrpfad in Nußdorf am Haunsberg / Salzburg). Dadurch kommt es naturgemäß zu einem beträchtlichen Zeitaufwand, der meist nur in Form eines Projekttages bewältigt werden kann. Der folgende Zeitplan ist somit als Halbtag konzipiert.

8.00 – 9.30   *Internet-Recherche*

Die Lehrperson stellt den SchülerInnen die Themen des Projekttages mündlich vor

und regt die SchülerInnen an, mittels Suchmaschinen geeignete Websites für die

Hintergrundrecherche zu suchen. Die Themen sind:

„Ökosystem Wald", Recherche z.B. auf

http://www.wald.de/das-oekosystem-wald/ oder

http://www.permakultur.at/themen/unser_wald/natur.html

„Lithothamnienkalk", Recherche z.B. auf

http://www.geologie.ac.at/filestore/download/AB0562_699_A.pdf

„Kroisbachgraben", Recherche z.B. auf

http://service.salzburg.gv.at/natur/Index?cmd=detail&nokey=NDM00119

„Entstehung von Fossilien", Recherche z.B. auf

http://www.bbc.co.uk/nature/fossils oder

http://paleopolis.rediris.es/BrachNet/Taphonomy/PROCESSUS/fossilz.html

Die recherchierten Websites sollen von den SchülerInnen zweifach ausgedruckt

werden – einmal zur Unterstützung für sie selbst bei der Aufgabenlösung vor Ort und

ein weiteres Mal als Lernzielkontrolle für die Lehrperson.

9.30 – 10.15   *Anfahrt zum geologischen Lehrpfad in Nußdorf am Haunsberg*

10.15 – 12.15   *Geocaching und Aufgabenlösen*

12.15 – 12.45   *Nachbesprechung*

Als Feedback für die Lehrperson melden die SchülerInnen der Lehrperson rück, wo

sie die größten Schwierigkeiten hatten, warum eventuell manche Dinge nicht

funktioniert haben, ob es technische Probleme mit den GPS-Geräten gab, aber auch,

was ihnen besonders gut gefallen hat bzw. was sie am interessantesten gefunden

haben.

12.45 – 13.30   *Rückfahrt*

2.4 Sozialformen

Sämtliche Aufgaben des Projekttages werden von den SchülerInnnen in Vierer- oder Fünferteams bewältigt. Kleinere Gruppen werden aus logistischen Gründen nicht möglich sein, da die Anzahl der verfügbaren GPS-Geräte an der Schule begrenzt sein wird. Die Lehrperson lässt die SchülerInnen jedoch die Gruppen nicht rein nach Sympathie bilden, sondern achtet auf deren Ausgeglichenheit, d.h. darauf, dass jede Gruppe schwächere und stärkere Mitglieder hat. Dies ist schon allein dadurch nötig, dass sonst der Zeitplan nicht eingehalten werden könnte (wenn die schwachen Gruppen viel länger als die starken bräuchten), dient aber vor allem auch der gegenseitigen Motivierung unter den Schülern, die schwachen werden von den starken sozusagen „gepusht".

2.5 LehrerInnen-Aktivitäten

Die Aktivitäten der Lehrperson bestehen hauptsächlich aus:
- Unterstützung der SchülerInnen bei der Internet-Recherche (Hilfestellung bei der Auswahl geeigneter Websites)
- Begleitung und Aufsicht vor Ort beim geologischen Lehrpfad
- Unterstützung bei technischen oder inhaltlichen Schwierigkeiten beim Geocaching
- Moderation des Feedbacks

2.6 SchülerInnen-Aktivitäten

Die Aktivitäten der SchülerInnen bestehen im Wesentlichen aus:
- Internet-Recherche zu für die Aufgabenlösung relevanten Themen
- Orientierung und Navigation im Gelände mittels GPS-Empfänger und digitaler topographischer Karte
- Lösung der Geocaching-Fragen und Finden der Box
- Beantwortung der Zusatzaufgaben

2.7 Medien

- Computer / Internet (für Recherche)
- Ausdrucke der Recherche als Lernhilfen vor Ort
- Angabeblatt für Aufgaben
- GPS-Navigationsgerät mit topographischer Karte

2.8 Arbeitsaufgaben

Hier ist zwischen den *Zusatzaufgaben*, welche die Lernziele zu geoökologischen Faktoren und Prozessen bzw. Wechselwirkung von Relief, Klima, Boden, Wasser und Vegetation verfolgen, und den eigentlichen *Geocaching-Aufgaben*, die dem Lernziel der Navigation mittels GPS-Empfänger dienen, zu unterscheiden.

2.8.1 Die Lösung des Geocaches

STATION 1
N47°55.888' E12°59.420'
Wieviele unter Wasser lebende Tiere und Pflanzen sind mit ihrem Namen auf der Tafel abgebildet? Die Anzahl = A.
(Lösung: A = 11)

STATION 2
N47°55.944' E12°59.812'
Welche Schädellänge hatte der Urwal „Basilosauridae"? Länge in cm = B.
(Lösung: B = 80)

STATION 3
N47°56.093' E12°59.937'
An dieser Station wird eine bestimmte Zustandsform des Waldes erklärt. Dabei handelt es sich um den
Schrägen Wald C = 3
Verwirrten Wald C = 7

Dichten Wald C = 2

Betrunkenen Wald C = 6

Gemischten Wald C = 9

(Lösung: C = 6)

STATION 4

N47°56.133' E12°59.980'

Welchen Durchmesser hat der hier abgebildete Rotalgenkalk? Durchmesser in mm = D

(Lösung: D = 35)

Licht wird durch Wasser abgeschwächt. Wieviel % der Oberflächenlichtmenge sind in 100m Wassertiefe noch verfügbar? Prozentsatz = E.

(Lösung: E = 1)

STATION 5

N47°56.177' E13°00.023'

Aus welchem geologischen Erdzeitalter sind die Schichten im Kroisbachgraben aufgeschlossen?

Eozän F = 6

Paläozän F = 9

Kreide F = 0

(Lösung: F = 9)

STATION 6

N47°56.209' E13°00.197'

In der Roterzwand sind Reste von Mühl- bzw. Schleifsteinen vorhanden. Wie hoch ist die Roterzwand in Metern? Höhe = G.

(Lösung: G = 10)

STATION 7

N47°56.217' E13°00.252'

Über die Felswand fällt Wasser herab. Die Höhe dieses Wasserfalls in Metern = H.

(Lösung: H = 15)

Auf der Tafel ist die Abbildung einer versteinerten Auster zu sehen. Deren Durchmesser in mm = I.

(Lösung: I = 65)

Die Formel für die Berechnung der finalen Cache-Koordinaten lautet wie folgt:

N47°(B-D+A).(A-E)F'

E12°(I-C).(H-C)(H-F)(H-G)'

Dadurch ergeben sich folgende Koordinaten für die Geocache-Box:

N47°56.109'

E12°59.965'

In der Box befinden sich „Souvenirs" für jede(n) einzelne(n) SchülerIn, die als „Beweis" der Absolvierung der Lehrperson vorgezeigt werden müssen, dann aber behalten werden dürfen. Als zusätzliche Motivationsspritze liegen in der Box für jede(n) einzelne(n) SchülerIn ein Gutschein für McDonald's oder Burger King bereit. Die Box muss nach dem Fund selbstverständlich vom SchülerInnen-Team wieder sorgfältig versteckt und getarnt werden, damit die darauffolgenden Gruppen auch noch Spaß am Suchen haben können.

2.8.2 Die Lösung der Zusatzaufgaben

2.8.2.1 Ökosystem Wald – Station 3

- Wodurch kann es zu der in Station 3 des Geocaches genannten Zustandsform des Waldes kommen? Welche Ursache ist am Haunsberg dafür verantwortlich?
- Beschreibe die zwei ökologischen Hauptfunktionen des Waldes!

2.8.2.2 Lithothamnienkalk in der Frauengrube – Station 4

- Beschreibe die Struktur und Farbe des Lithothamnienkalks!
- Wie entstand der Lithothamnienkalk und warum kommt er nur dort vor, wo sich früher flaches Wasser befand?

2.8.2.3 Kroisbachgraben – Station 5

- Welche kulturhistorische Bedeutung hat der Kroisbachgraben?
- Warum wurde das Gebiet zum Naturdenkmal erklärt?

2.8.2.4 Mühl- und Schleifsteingewinnung – Station 6

- Beschreibe den Prozess der Mühlsteingewinnung im Roterz!

2.8.2.5 Der Wasserfall – Station 7

- Nenne drei Beispiele für Fossilien, die man hier entdecken kann!
- Bis zu welcher Tiefe des Bodens kommen die Fossilien vor?

3 Reflexion der Präsentation in der Seminargruppe

Nach der Präsentation dieser Arbeit im Seminar zur Fachdidaktik wurden noch einige erwähnenswerte Aspekte angesprochen. Darunter auch die wichtige Relevanz. Vorwiegendes Argument dazu war, dass Kinder generell in ihrem Alltag mit neuen Medien konfrontiert sind, und es wichtig ist, diese sorgfältig im Unterricht einzusetzen. Auf der anderen Seite wiederum sollte man darauf achten, diese neuen Medien nicht zu sehr zu verstärken und die heutige Gesellschaft mit ihrer virtuellen Welt zu unterstützen, denn das handschriftliche Schreiben (z. B. Briefe), sowie das Recherchieren von Literatur in Bibliotheken sollten auf keinen Fall in Vergessenheit geraten.

Ein weiterer Diskussionspunkt war der soziale Aspekt, besonders hinsichtlich der sozialen Ausgrenzung von SchülerInnen, welche die neuen Medien (z. B. das neueste Smartphone) nicht zur Verfügung haben. Gerade im Pflichtschulbereich kann dies negative Auswirkungen haben. Diese Form der Exklusion, Mechanismen der Ausgrenzung, sollte mit Vorsicht betrachtet werden.

Abschließend ist zu erwähnen, dass das Thema „M-Learning" von großer Bedeutung ist, auch und vor allem in der alltäglichen bzw. schulischen Gesellschaft. Daher muss eine Ausbildung bzw. eine kritische Diskussion des Themas in der Lehramtsausbildung verankert werden.

4 Anhang

Die Stationen des geologischen Lehrpfades in Nußdorf am Haunsberg:

Station 1

Station 2 (Auszug)

Station 3

Station 4

Station 5

Station 6

Station 7

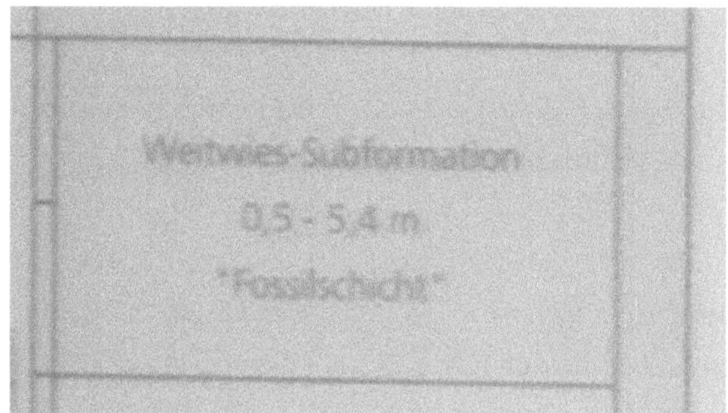

Station 7 (Auszug)

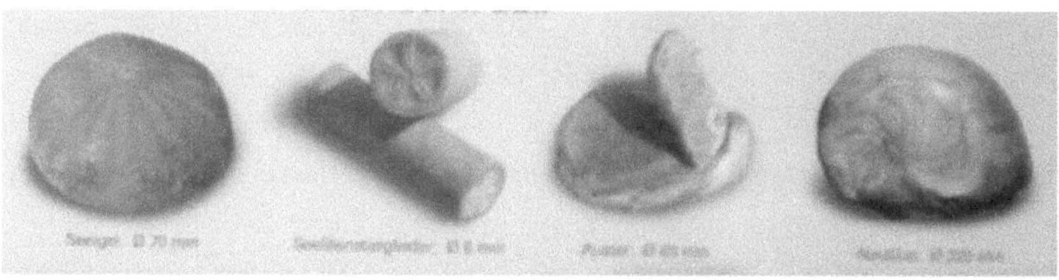

Station 7 (Auszug)

5 Literaturverzeichnis

BMUKK (2004): Lehrplan Geographie und Wirtschaftskunde (Oberstufe). <http://www.bmukk.gv.at/medienpool/11858/lp_neu_ahs_06.pdf>, Zugriff: 2013-06-11.

Groundspeak (2013): Geocaching-Einmaleins. <http://www.geocaching.com/guide/default.aspx>, Zugriff: 2013-06-12.

Haider, K., Reisenhofer, B. & Zumbach, J. (2010): Eine Gartenexpedition mit allen Sinnen – Mobiles Lernen im naturwissenschaftlichen Unterricht. In J. Zumbach & G. Maresch (Hrsg.), Aktuelle Entwicklungen in der Didaktik der Naturwissenschaften: Ansätze aus der Biologie und Informatik (S. 15-24). Innsbruck: Studienverlag.

Koper, R. (2004). Use of the Semantic Web to solve Some Basic Problems in Education: Increase Flexible, Distributed Lifelong Learning, Decrease Teacher's Workload. Journal of Interactive Media in Education, 6, S. 1-23

Krauss-Hoffmann, P., Kuszpa, M. & Sieland-Bortz, M. (2007): Mobile Learning. Grundlagen und Perspektiven. Bremerhaven: Wirtschaftsverlag NW.

Leutner, D. (2002): Adaptivität und Adaptierbarkeit multimedialer Lehr- und Informationssysteme. In L. Issing & P. Klimsa (Hrsg.), Information und Lernen mit Mulitmedia und Internet (3. vollst. überarb. Aufl.) (S. 115-125). Weinheim: Beltz.

Moser, S. & Zumbach, J. (2012): Augmented Reality – erweiterte multimediale Lernerfahrungen. In E. Blaschitz, G. Brandhofer, C. Nosko & G. Schwed (Hrsg.), Zukunft des Lernens (S. 145-164). Glückstadt: vwh.

Quinn, C.N. (2001): mLearning – Mobile, Wireless, In-Your-Pocket Learning. <http://www.linezine.com/2.1/features/cqmmwiyp.htm>, Zugriff: 2013-06-13.

Weidenmann, B. (2001): Lernen. Ein zweiter Zugang: Komponenten der pädagogischen Situation. In A. Krapp & B. Weidenmann (Hrsg.), Pädagogische Psychologie (S. 23-26). Weinheim: Beltz.

Wikipedia (2012): Träges Wissen. <http://de.wikipedia.org/wiki/Tr%C3%A4ges_Wissen>, Zugriff: 2013-06-12.

Zumbach, J. (2010): Lernen mit neuen Medien. Instruktionspsychologische Grundlagen. Stuttgart: Kohlhammer.

Zumbach, J. & Bachleitner, S. (2007): m-Learning in der Geographiedidaktik. In T. Jekel, A. Koller & J. Strobl (Hrsg.), Lernen mit Geoinformationen II (S. 192-202). Heidelberg: Wichmann.